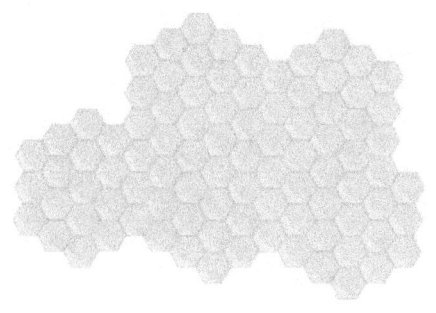

Bee Puzzles

Dr. Michael Stachiw

&

Jackie Stachiw & Kevin Smith

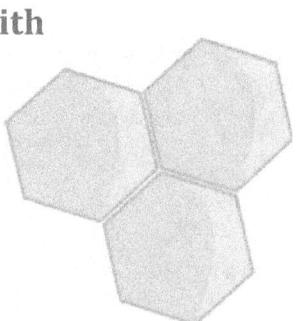

Copyright (c) 2021 Dr. Michael Stachiw, Jackie Stachiw & Kevin Smith

All rights reserved, including rights or reproductions and use in any form or by any means including the making of copies by any photo process or by any electronic or mechanical device, printed or written or oral or recoding for sound or visual reproduction or fair use in any knowledge retrieval system or device, unless permission in writing is obtained from the copyright proprietor.

ISBN-9798509094958

Bee

```
T T V R B Q D P D S M O K E R
X P T K Y N U F W O P I M M J
F L Y B M E B E O E H Q G F E
R S X C A C E P E Z E J R E K
A V V T T E T T N R Y F H V
M B F J I A K M D S O B G S O
E Y J K N R E K D T M E P W A
S G G L G U E X H I O E Q A B
E T M N F D P Q O N N K H R Y
K S I T L R I C V G E E I M W
H Y S S I O N O V I G E V H R
B B G G G N G M C N F P E L H
X G E D H E M B U G F I S P O
E Z G N T G R A F T I N G T O
C O L O N Y P J W G E G P E T
```

Bee Keeping	Beekeeping	Colony	Comb	Drone	Eggs
Frames	Grafting	Hives	Mating Flight	Nectar	Pheromone
Queen	Smoker	Stinging	Swarm		

Ants, Bees & Wasps

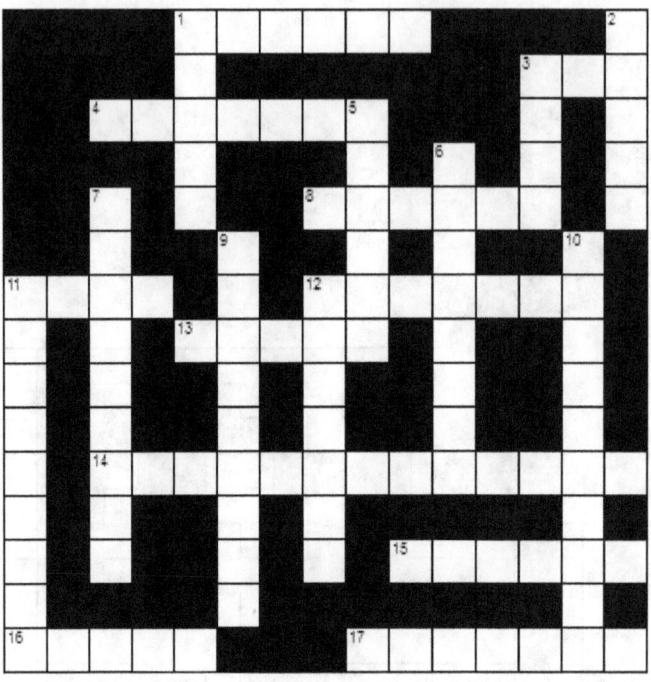

Across

Across

1. a social wasp.
3. an insect that makes honey.
4. like a wasp; acid-tongued > WASPISHLY.
8. a worker ant, an undeveloped female.
11. any of a large number of insects belonging to the order Hymenoptera > WASPS.
12. of wasps; wasp-like.
13. an ant.
14. having four membranous wings, as do ants, bees and wasps.
15. a beaked white soldier ant.
16. a South American leaf-cutter ant. [Port. s´uva f. Tupi ys´uwa].
17. an ant.

Down

Down

1. a genus of Hymenoptera including the common wasps and hornets. [L. vespa, wasp].
2. a stinging ant.
3. a nest of wasps or wild bees; a swarm, throng; (verb) to swarm > BYKES, BYKING, BYKED.
5. a large kind of wasp.
6. like a wasp.
7. like a wasp.
9. a large bee of the genus Bombus.
10. as in leafcutter ant. No —S.
11. the state of being WASPY > WASPINESSES.
12. wasp-like.

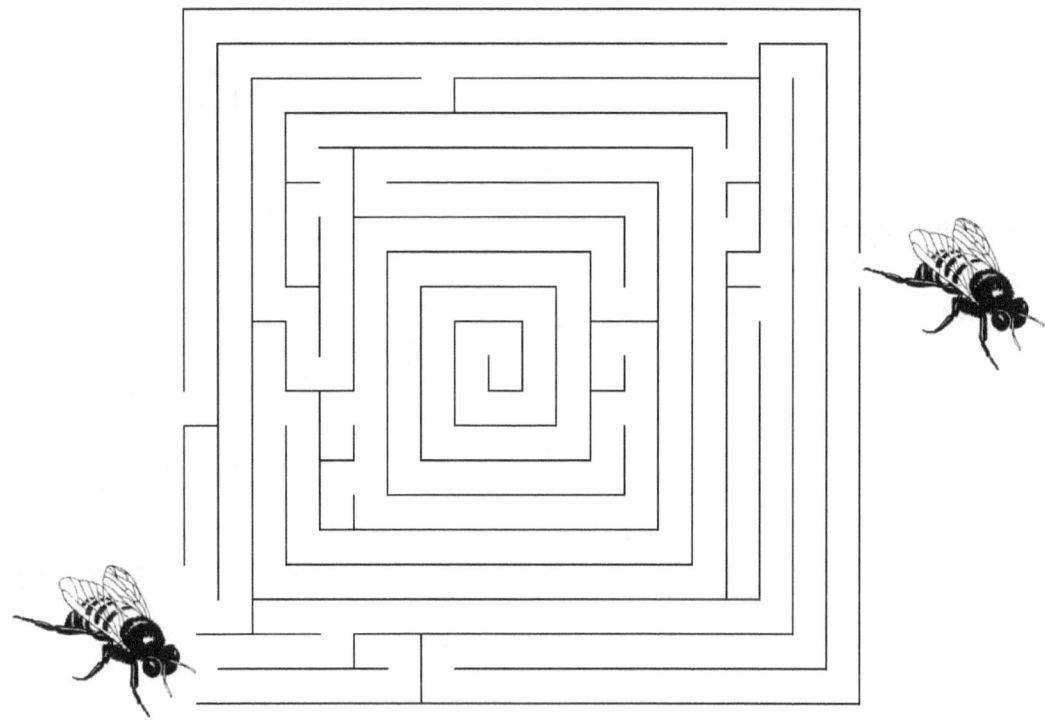

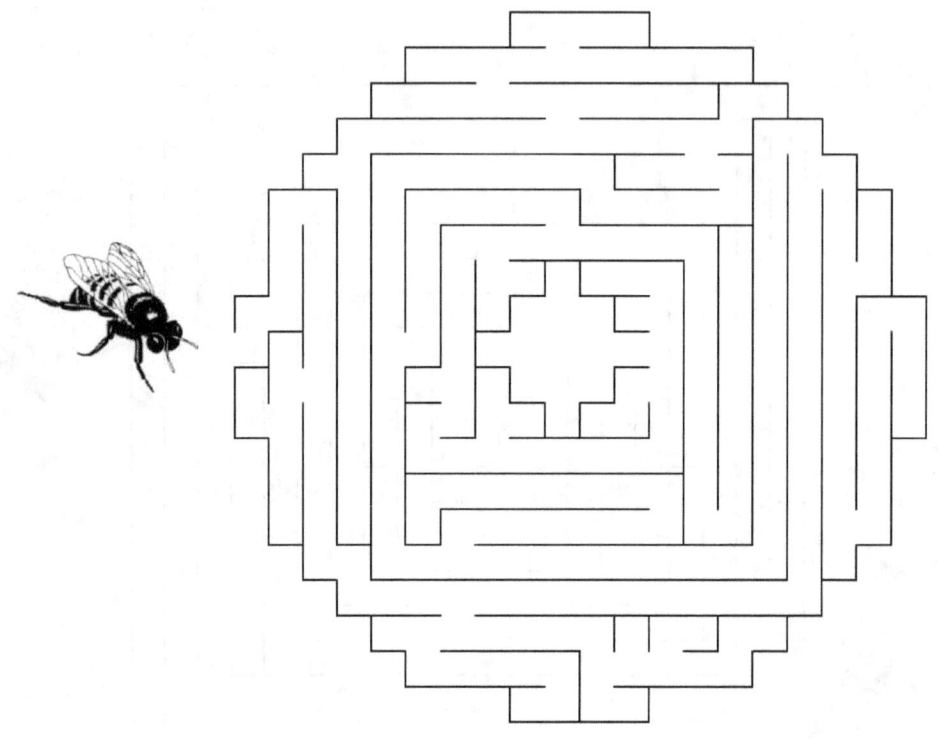

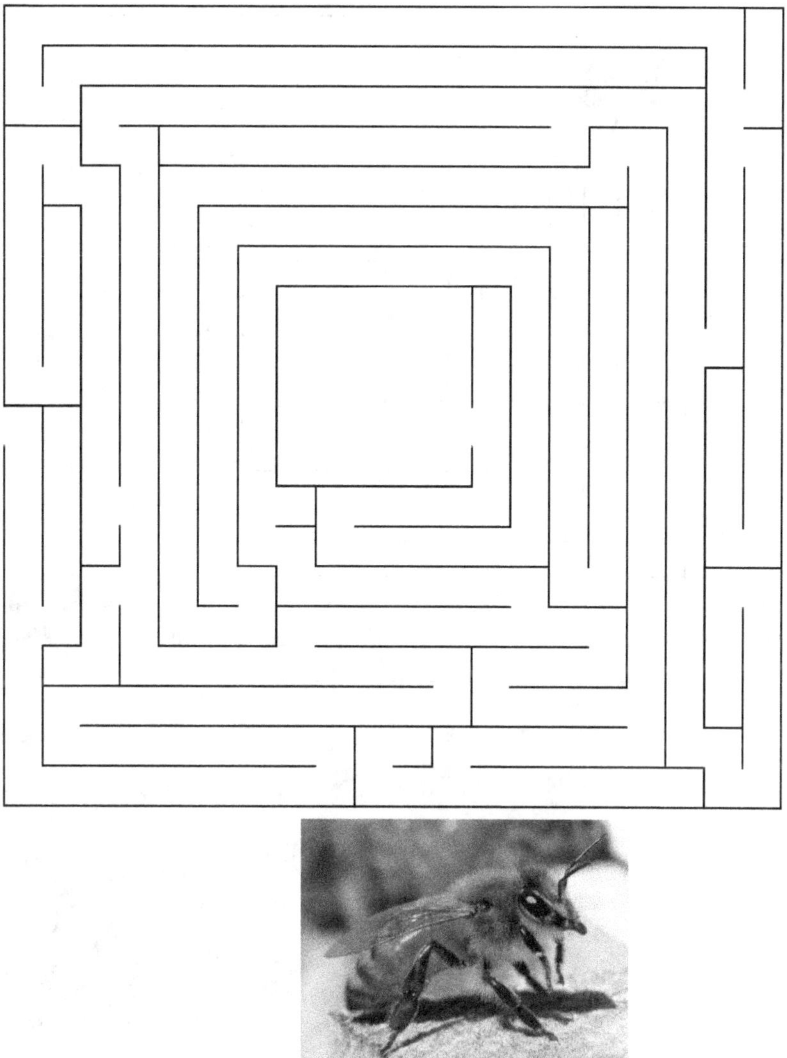

Ants, Bees & Wasps 2

Across

2. any small parasitic insect of the family Chalcididae, that lay their eggs inside the bodies of other insects, or, as with the chalcid wasp, within the seeds of plants > CHALCIDS. [Gr chalkos, copper, from the metallic colouring of their bodies].
4. a genus of insects including parasitic wasps > STYLOPES.
6. a worker-like wingless male ant.
11. resembling an ant; (verb) to crawl around like an ant > FORMICATES, FORMICATING, FORMICATED.
12. a wingless but sexually perfect worker ant.
13. like a wasp, waspish.
14. of or relating to bees; (noun) a member of the bee family.
15. any bee of the genus Apis, which lives in communities and collects honey.

Down

1. of or relating to bees.
3. an order of insect having four membranous wings, e.g. ants, bees, wasps > HYMENOPTERONS or HYMENOPTERA; HYMENOPTERANS.
5. a wasp.
7. a small industrious insect > ANTS. ANTED exists as the pt. of ANTE; ANTING exists as a noun.
8. a worker-like wingless female ant.
9. a bumble-bee.
10. a hymenopterous insect with a stout ovipositor, aka wood wasp.
13. like a wasp, waspish > WASPIER, WASPIEST; WASPILY.

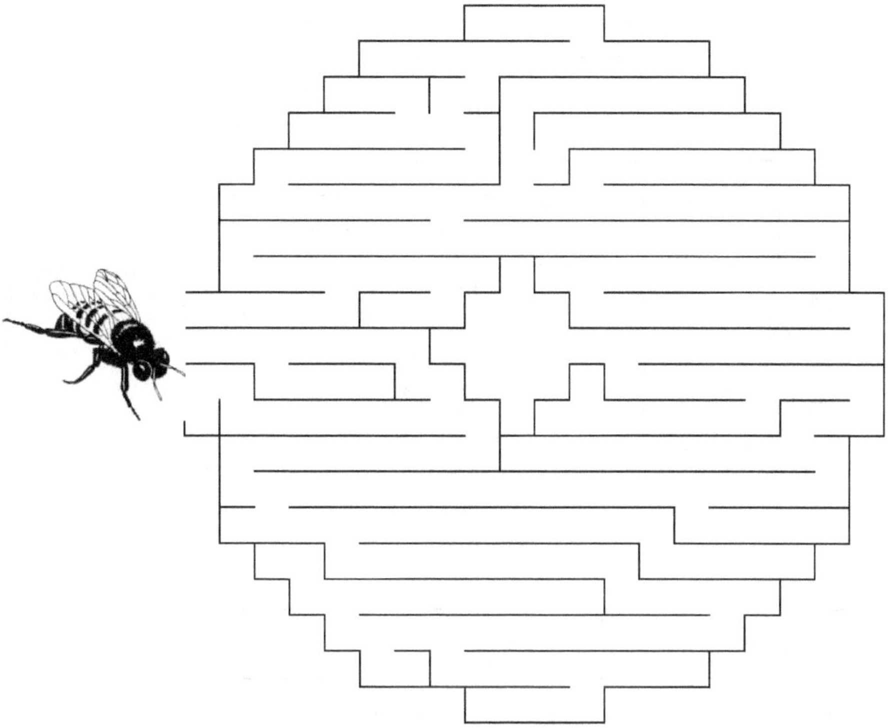

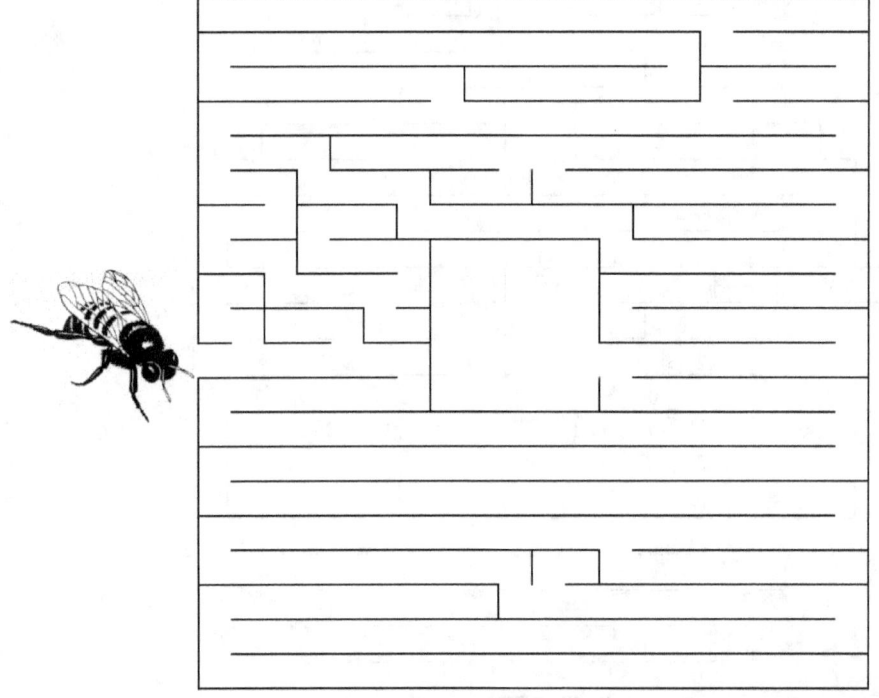

Ants, Bees & Wasp

```
H Y M E N O P T E R A N T V A
Q Y W A S P Y L V H W A E E P
B U M B L E B E E O A S R S P
Y B A E A V V A S N U G P L
K R P P N I E F P E P T A I E
E A I I T O S C I Y I E T D D
E C A S L H P U N B N M A W R
F O R M I C A T E E E A N A A
A N I I K V K T E E S R E S I
P I A R E M M E T R S A R P N
I D N E G Y B R L Q O B J I S
A N H U M B L E B E E U U S A
N P O M P I L I D O P N S H U
M Y R M E C O I D H U T Y L B
E R G A T O G Y N E Z A M Y A
```

ant	antlike	apian	apiarian	appledrain
bee	braconid	bumblebee	byke	emmet
ergataner	ergatogyne	formicate	honeybee	humblebee
hymenopteran	hymenopterous	kelep	leafcutter	marabunta
myrmecoid	nasute	pismire	pompilid	sauba
vespa	vespid	vespine	wasp	waspiness
waspish	waspishly	waspy		

Ants, Bees & Wasps 3

Across
2. a spider-hunting wasp.
4. in the Caribbean, a social wasp; an ill-tempered woman > MARABUNTAS.
6. an ANT.
7. any of a family of parasitic wasps.

Down
1. the wood ant, a large species which lives in nests made of pine needles or small twigs that often smell unpleasantly like urine.
3. antlike.
5. like a bee.
7. a kind of sand-wasp > BEMBEXES, BEMBIXES.

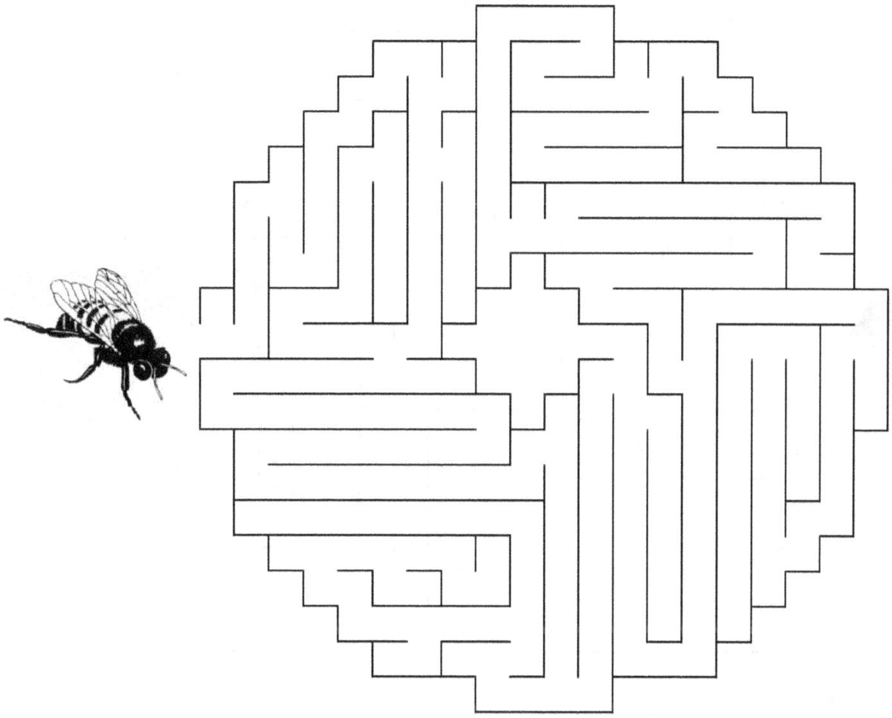

Bee 2

B	C	H	J	L	H	O	N	E	Y	B	E	E	F	F
E	P	R	O	P	O	L	I	S	W	K	S	L	R	D
E	C	M	U	S	E	I	Q	X	A	N	D	F	A	U
K	Y	J	D	B	E	E	S	H	G	Y	R	I	R	E
E	T	W	O	R	K	E	D	U	G	B	N	P	E	F
E	Q	X	J	H	I	V	E	S	L	N	J	B	S	Q
P	P	O	L	L	I	N	A	T	E	C	R	O	P	S
I	Y	Y	P	J	F	Z	O	L	D	D	M	B	D	S
N	P	Q	Y	C	C	H	L	O	A	T	V	E	X	B
G	O	E	J	Z	E	I	O	R	N	M	G	E	S	J
O	L	G	A	J	M	B	C	N	C	O	E	S	W	M
O	L	B	E	E	K	E	E	P	E	R	S	W	A	J
G	E	W	A	A	A	V	M	J	C	Y	I	A	R	F
F	N	R	O	Y	A	L	J	E	L	L	Y	X	M	Z
F	L	K	N	B	E	E	K	E	E	P	I	N	G	U

Swarm	Waggle Dance	Worked	Bee	Beekeeping	Hives
Millennia	Beekeepers	Honey,	Beeswax	Propolis	Pollen
Royal jelly	Hives	Bees	Pollinate crops	Honeybee	Beekeeping

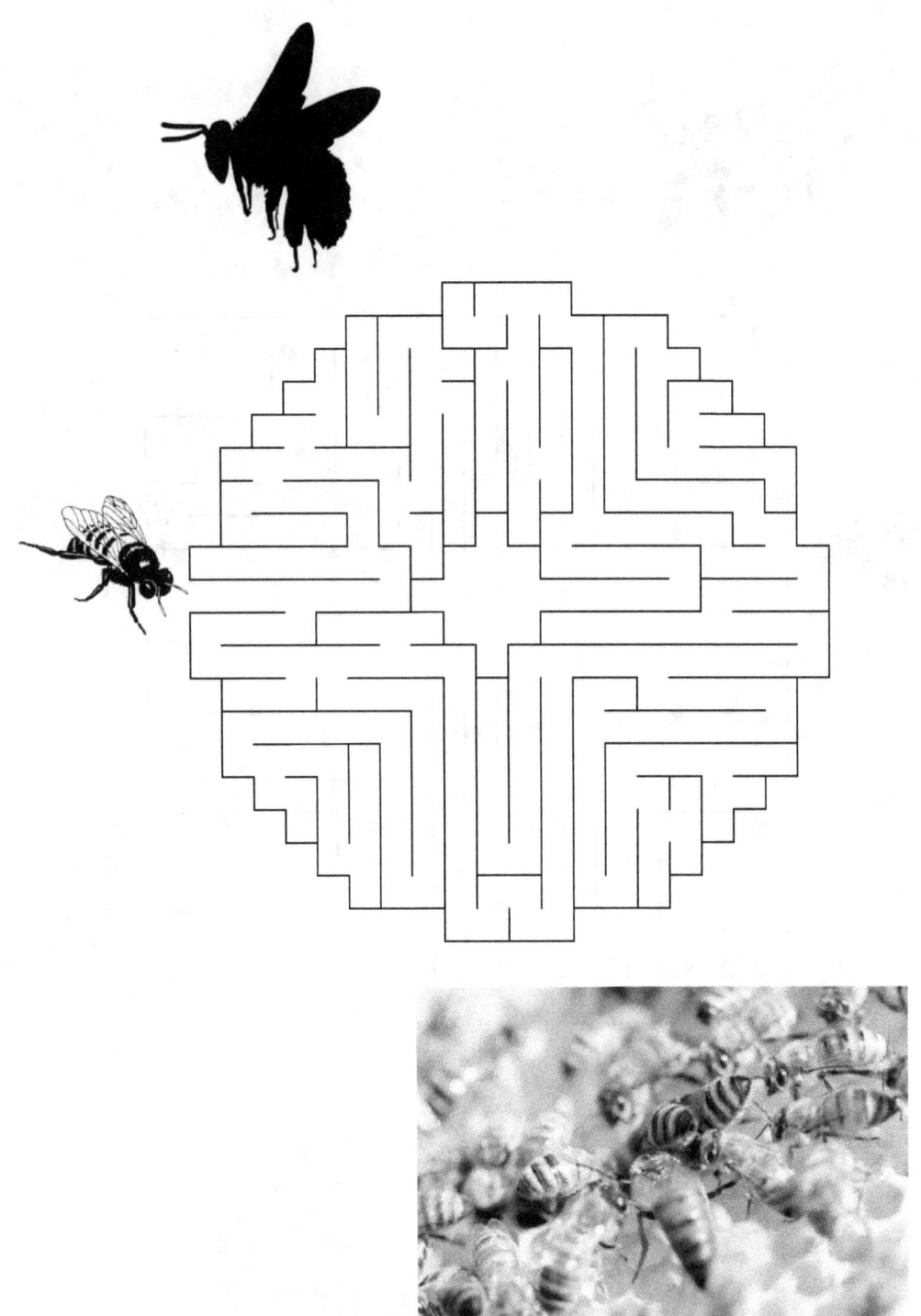

Bee and Wasps

```
P O L L I N A T E C R O P S M
H C E H I B U M B L E B E E A
W P A O U B Y K E X R E S R T
A H F N S M O K E R B N T U I
G E C E B H B B K B A P I A N
G R U Y E N M L E R H A N E G
L O T B E E K E E P I N G R F
E M T E B E K T P B V T I G L
D O E E T I P K E L E P N A I
A N R A L O C F R H S E G T G
N E G P N P I S S A N T G O H
C R S E M A R A B U N T A G T
E A M G R O Y A L J E L L Y S
W Y A P P L E D R A I N I N U
H Y M E N O P T E R O U S E M
```

Bee Keeping	Beekeeping	Eggs	Hives	Mating Flight
Pheromone	Smoker	Stinging	Waggle Dance	Bee
Beekeeping	Hives	Beekeepers	Honey,	Royal jelly
Hives	Bees	Pollinate crops	Honeybee	Beekeeping
ant	apian	appledrain	bee	bembex
bumblebee	byke	ergate	ergatogyne	honeybee
humblebee	hymenopteran	hymenopterous	kelep	leafcutter
marabunta	pissant	wasp	wasplike	

Ants, Bees & Wasp 2

```
C B D H O R N E T C G A K L W
X L I Z E F G B E E L I K E O
G V B A H V V E S P O I D A Y
S F G U E R G A T O I D B S M
T E J T C C R J P U H B E G C
Y N Y M C Y E R G A T E M U H
L C A Q U R K X A I O M B U A
O O Y U H O R N T A I L E Q L
P M A V E X X F O I P D X H C
S D K P Y J M M T D I G K V I
W K X P W A R O B Q S X A B D
D Y Q H U K E Z H X S A U S L
D V W A S P L I K E A R H J D
N W A S P I L Y W G N H I G G
X V V I A A C X N N T T F G U
```

beelike   bembex   chalcid   ergate   ergatoid   hornet   horntail   pissant   stylops
vespoid   waspily   wasplike

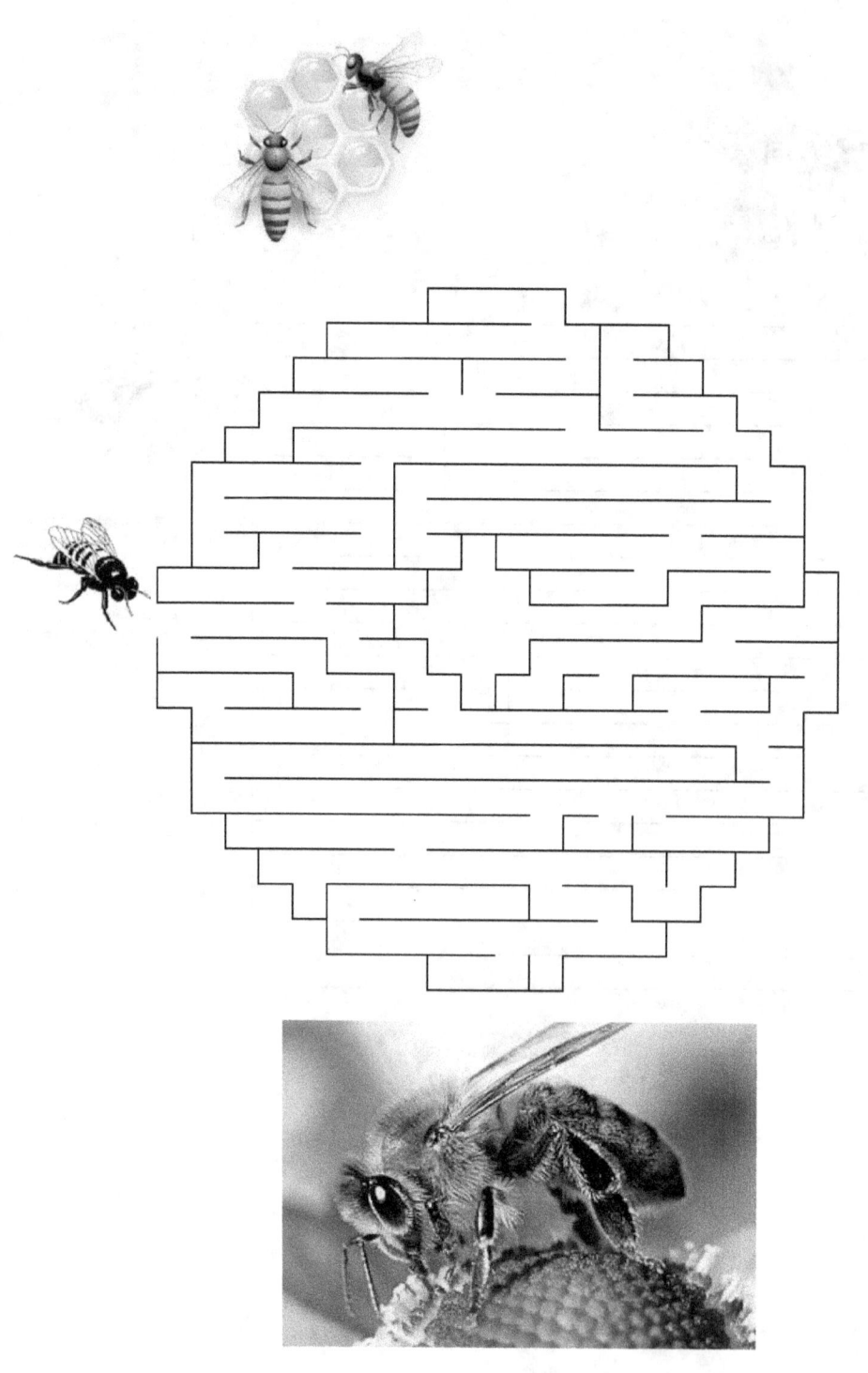

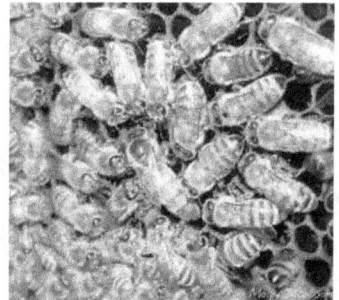

Bee and Wasps 2

```
M Y R M E C O I D N A S U T E
I C H A L C I D R O N E S G R
L E B H O R N T A I L I T R G
L R E O P S E R S G L V Y A A
E G E R K M W S N O B E L F T
N A S N M Z E A P F A S O T A
N T W E G N I O R D N P P I N
I O A T I R R H T M T O S N E
A I X P A P O M P I L I D G R
X D S I B R A C O N I D Y F L
K A P P I S M I R E K C O M B
W A S P I S H L Y N E C T A R
X A L B E E L I K E V E S P A
U V E S P I N E W A S P I L Y
F O R M I C A T E C O L O N Y
```

Colony	Comb	Drone	Grafting	Nectar	Swarm	Millennia
Beeswax	Propolis	antlike	apiarian	beelike	braconid	chalcid
emmet	ergataner	ergatoid	formicate	hornet	horntail	myrmecoid
nasute	pismire	pompilid	stylops	vespa	vespine	vespoid
waspily	waspiness	waspish	waspishly			

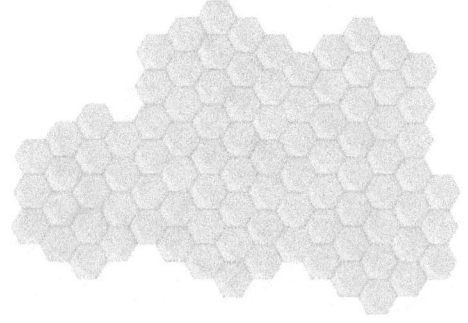

Bee

https://www.ars.usda.gov/pacific-west-area/tucson-az/carl-hayden-bee-research-center/docs/bee-safety/bee-safety/

http://isabees.com/products.html

https://en.wikipedia.org/wiki/Bee

https://www.honeybeesonline.com/honey-bee-trivia/

https://www.beepods.com/101-fun-bee-facts-about-bees-and-beekeeping/

https://www.welovequizzes.com/bees-quiz-questions-and-answers/

https://empressofdirt.net/bee-quiz/

https://whatismyspiritanimal.com/animal-facts-trivia/insect-facts/bee-facts-trivia/

Bee

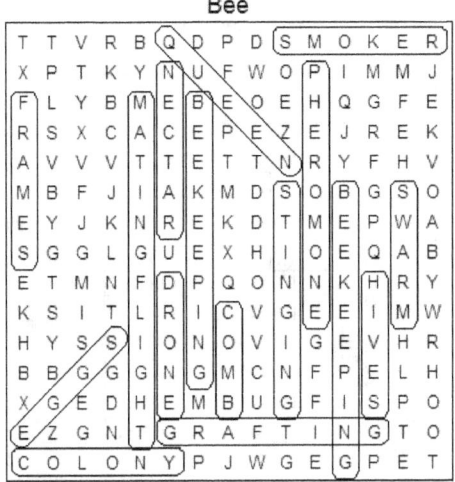

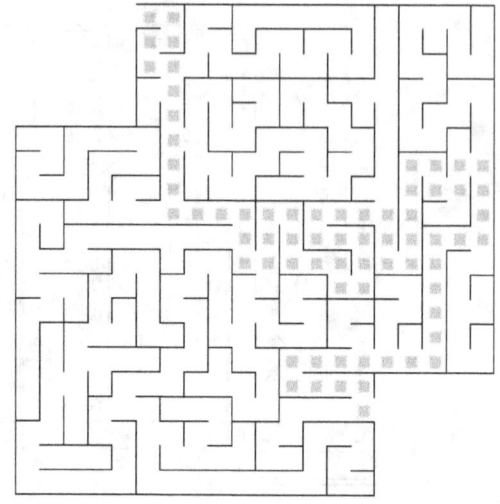

Ants, Bees & Wasps

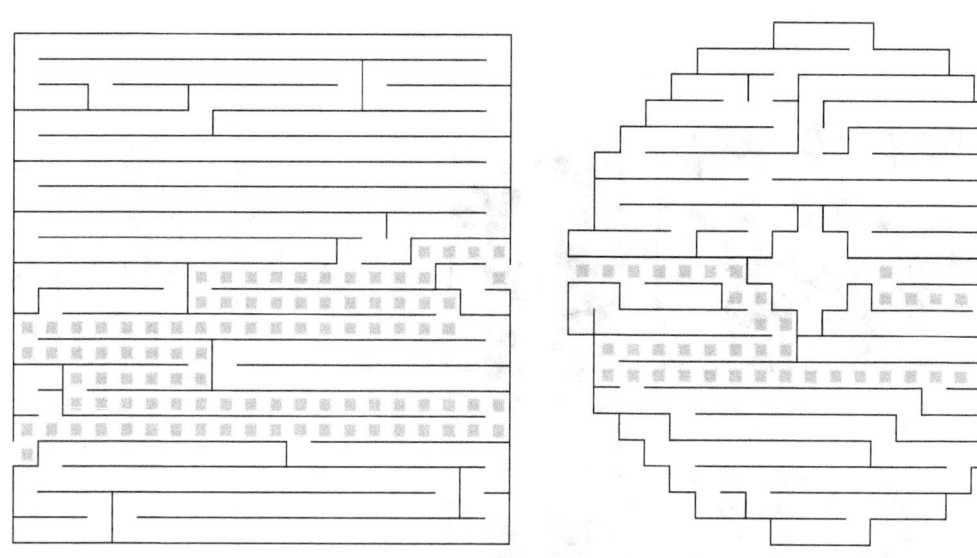
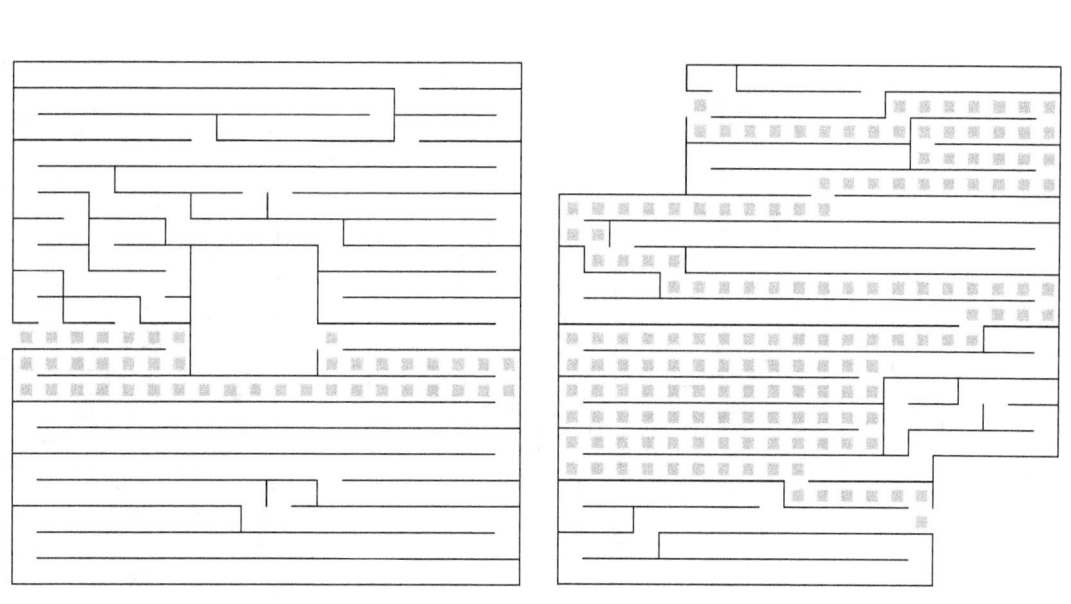

Ants, Bees & Wasps 2

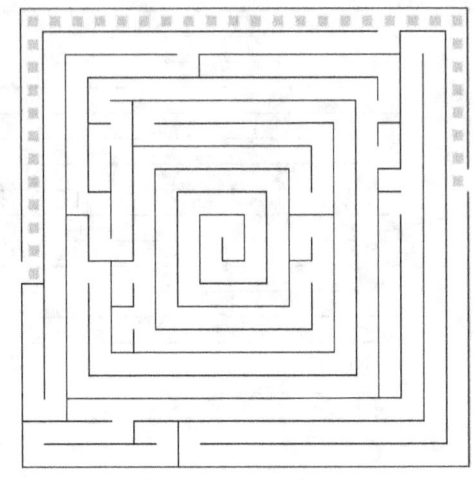
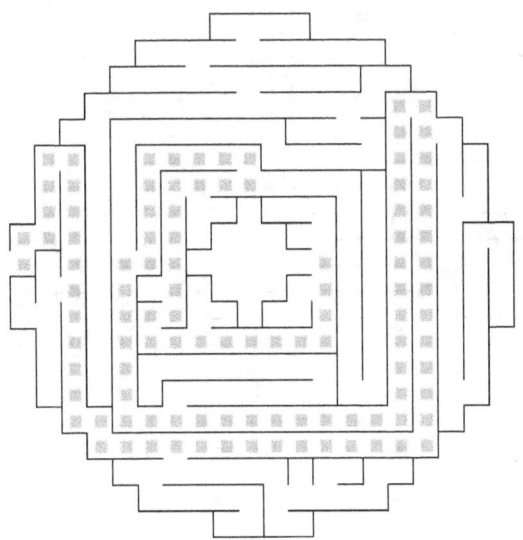
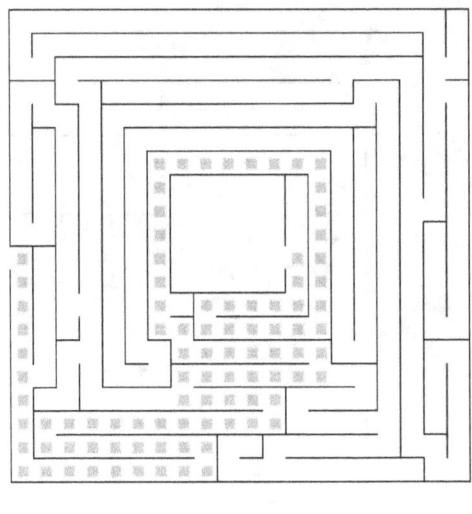

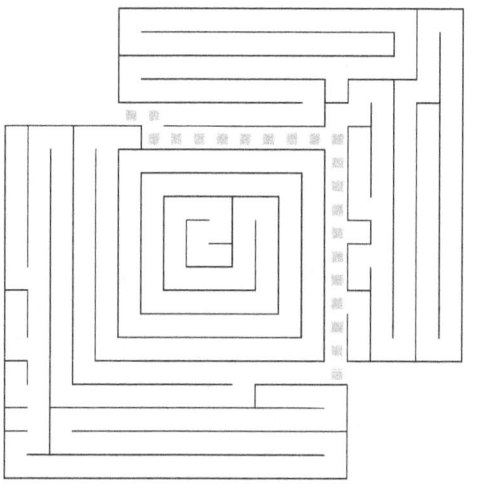

Ants, Bees & Wasp

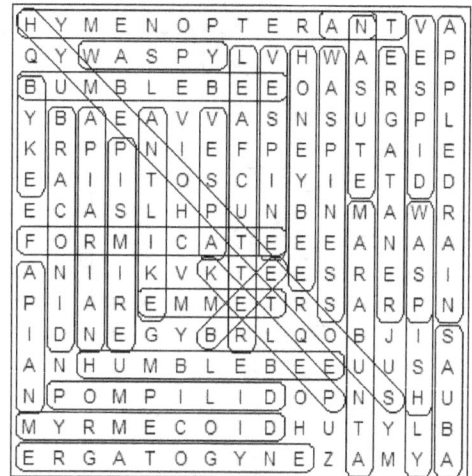

Ants, Bees & Wasps 3

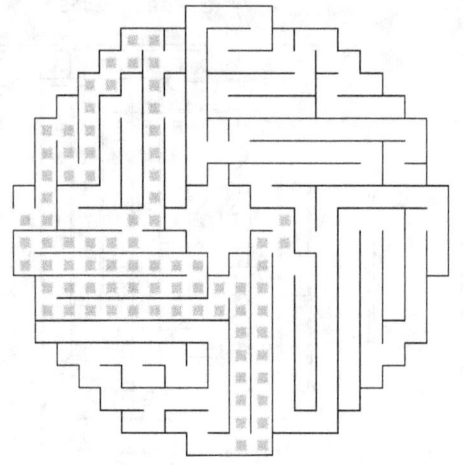

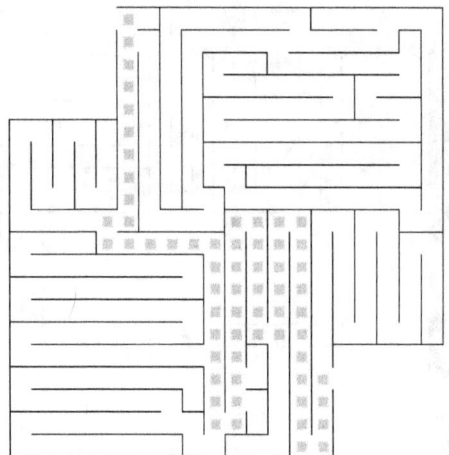

Bee 2

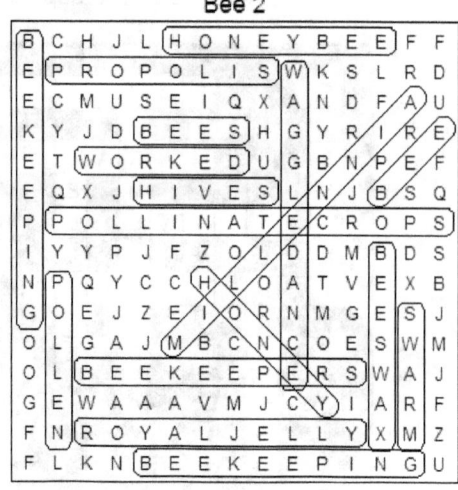

Bee and Wasps

Ants, Bees & Wasp 2

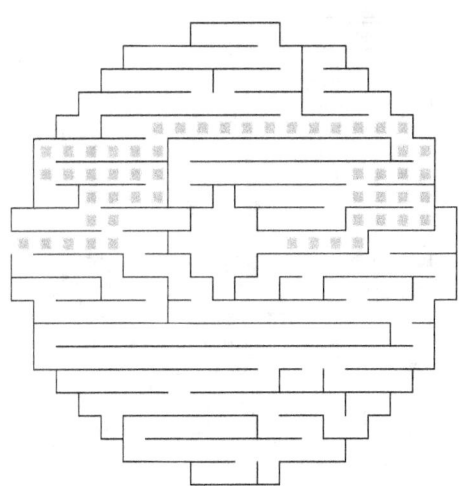

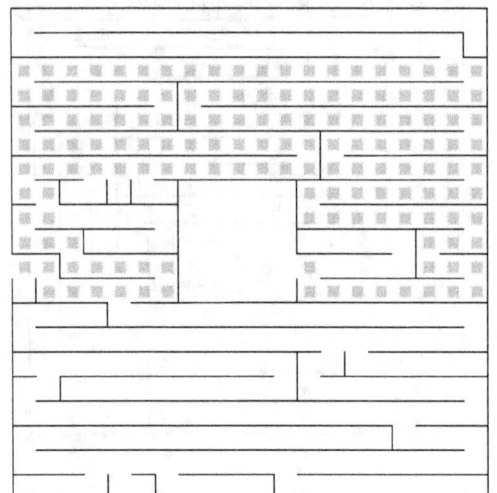
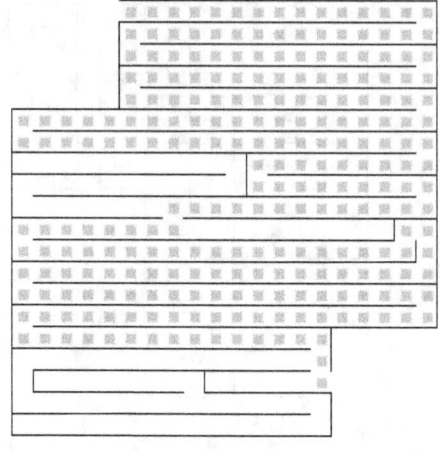

Bee and Wasps 2

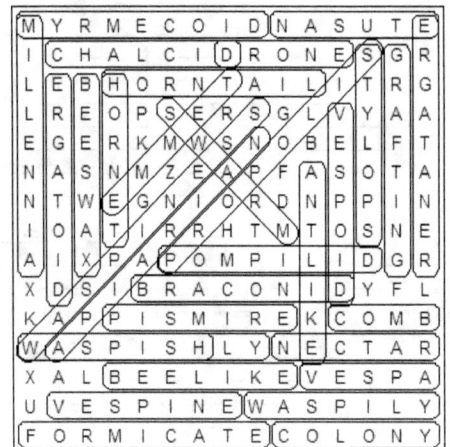

Dr. Michael Stachiw

Dr. Stachiw obtained his Ph.D. in food science from Michigan State University with a specialty area of meats and sausages. During his career, he worked on many agricultural and animal-related projects. Dr. Stachiw is now retired and lives in St. Louis, Missouri

Jackie Stachiw & Kevin Smith

Jackie and Kevin live in St. Louis and love to bee keep. Kevin enjoys playing video games and helping Jackie with her bees. They both love doing word searches with their free time.

www.ingramcontent.com/pod-product-compliance
Lightning Source LLC
Chambersburg PA
CBHW081658220526
45466CB00009B/2803